I0060155

15324

RÉGÉNÉRATION DES RACES

DE

VERS A SOIE

PAR LES ÉDUCATIONS AUTOMNALES A LA TEMPÉRATURE NATURELLE

ET

Moyens de doubler la production de la soie en Europe, en donnant à la feuille tombante d'Automne ordinairement perdue pour l'Agriculture, une valeur égale à celle du Printemps

Par Émile NOURRIGAT

Propriétaire Éducateur, Introducteur et Propagateur du MORUS JAPONICA en Europe
LUNEL (Hérault)

Membre des Sociétés Séricicole de France, Académie Nationale Agricoles, Manufacturière et Commerciale,
Impériale zoologique d'acclimatation, d'Encouragement pour l'Industrie Nationale, Entomologique de France,
Membre correspondant des Sociétés d'Agriculture et Comices agricoles de l'Hérault, de Vaucluse et d'Alais,
Ancien Magistrat

Dix-sept Médailles d'honneur pour services rendus à la Sériciculture

Convaincu par l'expérience que le moyen le plus radical à opposer aux ravages de la maladie des vers à soie, consiste dans la substitution des éducations d'automne à celles du printemps, la taille du mûrier en hiver, le sourrage préventif de l'arbre au printemps et le remplacement successif des espèces greffées par le mûrier sauvage à grandes feuilles, je le prescrirais dans l'intérêt de la production nationale, par des lois pénales, ou mieux encore l'encouragerais par des récompenses, si j'en avais le pouvoir.

MONTPELLIER

BOEHM ET FILS, IMPRIMEURS DE L'ACADÉMIE, PLACE DE L'OBSERVATOIRE

—

1861

GRAINES

DE PRINTEMPS ET D'AUTOMNE

A PRIX MODÉRÉS.

Dans le but de favoriser le développement des éducations automnales et de les faire passer dans l'habitude des Sériciculteurs, M. NOURRIGAT offre aux éducateurs qui, par position des lieux, rencontreraient des difficultés pour conserver leurs graines, de les leur mettre en réserve.

32
1861.

RÉGÉNÉRATION DES RACES

DE

VERS A SOIE

PAR LES ÉDUCATIONS AUTOMNALES A LA TEMPÉRATURE NATURELLE

ET

Moyens de doubler la production de la soie en Europe, en donnant à la feuille tombante d'Automne ordinairement perdue pour l'Agriculture, une valeur égale à celle du Printemps

Par Émile NOURRIGAT

Propriétaire-Éducateur, Introducteur et Propagateur du MORUS JAPONICA en Europe

à LUNEL (Hérault)

Membre des Sociétés : Séricicole de France, Académie Nationale Agricole, Manufacturière et Commerciale, Impériale zoologique d'acclimatation, d'Encouragement pour l'Industrie Nationale, Entomologique de France; Membre correspondant des Sociétés d'Agriculture et Comices agricoles de l'Hérault, de Vaucluse et d'Alais; Ancien Magistrat.

Dix-sept Médailles d'honneur pour services rendus à la Sériciculture.

Convaincu par l'expérience que le moyen le plus radical à opposer aux ravages de la maladie des vers à soie, consiste dans la substitution des éducations d'automne à celles du printemps, la taille du mûrier en hiver, le soufrage préventif de l'arbre au printemps et le remplacement successif des espèces greffées par le mûrier sauvage à grandes feuilles, je le prescrirais, dans l'intérêt de la production nationale, par des lois pénales, ou mieux encore l'encouragerais par des récompenses, si j'en avais le pouvoir.

MONTPELLIER

BOEHM ET FILS, IMPRIMEURS DE L'ACADÉMIE, PLACE DE L'OBSERVATOIRE

—

1861

(C.)

RÉGÉNÉRATION DES RACES

DE VERS A SOIE

Par les Éducations Automnales à la température naturelle.

INTRODUCTION.

Nous l'avons démontré autre part [1], les éducations automnales ne sont point de découverte récente : connues en Europe depuis près de trois siècles, elles ont été, à diverses époques critiques, le sujet de nombreuses tentatives, dont les résultats plus ou moins heureux ont néanmoins laissé des doutes dans l'esprit de la plupart des éducateurs, sur les ressources qu'elles pouvaient offrir à la sériciculture.

Ces éducations seraient sans nul doute retombées pour longtemps encore dans l'oubli, si les malheureuses circonstances qui pèsent de nouveau sur cette branche d'industrie agricole, ou peut-être même des motifs d'intérêt purement personnel, plutôt qu'un sentiment du bien public, n'avaient favorisé leur résurrection.

Objet d'une prévention mal fondée et nuisible à leur développement, on ne peut attribuer la cause de leur insuccès qu'à l'absence d'une feuille de qualité convenable et en harmonie avec les tendres organes de l'insecte, aux mauvais procédés de conservation des graines ou aux fraudes dont elles ont été l'objet, et enfin aux pratiques préconisées par certains disciples de la nouvelle école.

Sans prétendre à la qualité de rééditeur de vieux-neuf, il nous est cependant permis d'affirmer qu'une longue suite d'expériences nous a démontré que l'agri-

---

[1] *De l'influence de la maladie végétale sur le règne animal.*

culture et l'industrie peuvent retirer d'utiles ressources de ces secondes éducations, conduites dans les conditions rationnelles que la pratique nous a suggérées. Nous croyons donc nous rendre utile en indiquant ici les procédés que l'expérience a rendus nécessaires, afin que les heureux résultats qui doivent ressortir de leur application intelligente ne laissent plus de doutes sur les avantages que présentent ces doubles éducations. ~ ·

Avantages des éducations automnales : motifs qui doivent les faire préférer à celles du printemps, au point de vue économique, industriel, et comme moyen de régénérer les races de vers à soie.

Nous en demandons humblement pardon aux érudits ; mais, ici encore, la pratique venant donner le plus formel démenti aux théories les mieux assises, nous allons essayer, au risque même d'être taxé d'exagéré, de faire passer nos convictions dans l'esprit des praticiens.

Les Chinois, et après eux tous les peuples de l'Asie, font avec un égal succès jusqu'à douze éducations dans une même année, sans que les végétaux destinés à la nourriture des insectes aient à souffrir des divers effeuillements successifs auxquels ils sont soumis. Cette récolte de soie, en quelque sorte permanente, qui fait depuis plus de quatre mille ans l'une des principales occupations de la majeure partie des populations orientales et la richesse de ces contrées, peut expliquer l'abondance de ce produit, qui, par la modicité de son prix, est mis à la portée de toutes les classes des habitants de ces régions lointaines.

Mais, dira-t-on, c'est en Chine, au Bengale que cela se pratique, et nous sommes en France ; demander au mûrier une seconde récolte, lorsqu'il nous a déjà donné sa première dépouille dans la même année, et l'effeuiller de nouveau, c'est en abuser, c'est le tuer !

Retarder la vie de l'insecte au-delà des limites assignée par la nature, c'est la contrarier, dira-t-on encore !

Dans l'Inde, la végétation se renouvelle sans cesse, et le mûrier, à l'abri des hivers, trouve dans cette terre féconde les éléments d'une sève toujours nouvelle.

Est-ce donc vouloir régenter la nature que de puiser des enseignements dans les exemples qu'elle nous donne ? De même que, par l'effet des variations atmosphériques, nous voyons, dans des années différentes, les animaux, les plantes se reproduire à des époques variables, de même aussi ne pouvons-nous, sans nuire à leur état, avancer ou reculer l'existence des insectes? Notre climat ne nous force-t-il pas d'ailleurs à en agir ainsi à l'égard des vers à soie, en substituant une atmosphère factice à la température variable du mois d'avril, afin de mettre l'insecte en harmonie avec le développement de la feuille? Loin de contrarier la nature, nous l'aidons, au contraire, dans sa marche, et nous savons par expérience qu'au printemps comme en automne, les vers ne souffrent nullement d'une pratique qui, aux yeux de certaines personnes, peut bien paraître anormale, mais dont l'efficacité est reconnue et sanctionnée par l'expérience.

Les adversaires des éducations multiples ignorent peut-être que, indépendamment des heureuses conditions climatériques, qui ne diffèrent pourtant que fort peu de la température méridionale de la France, les habitants du Céleste-Empire ne cultivent que des espèces de mûriers vivaces, sauvages, à grandes feuilles et à basse tige, au moyen desquels, et après six à sept mois de semis seulement, ils obtiennent les plus belles soies connues dans le commerce sous les noms de Tsat-Li, Yun-Fa et Tay-Saam. C'est en suivant ce procédé, aussi simple que lucratif, et en utilisant, en août, la feuille des mûriers créés en avril précédent, que nous sommes parvenu à rendre pratiques les éducations d'automne.

Aucun éducateur n'ignore qu'au mois d'avril et dans la première quinzaine de mai, la température de l'atelier diffère essentiellement de celle de l'extérieur : il n'est pas rare de constater entre l'une et l'autre des écarts de 15 à 20 degrés.

Les jeunes feuilles que l'on cueille à cette époque, nées à une basse température et privées de toute consistance, sont desséchées par l'atmosphère élevée de l'atelier, presque aussitôt leur introduction et avant que les vers aient eu le temps de les consommer. Des renouvellements fréquents de repas deviennent nécessaires pour parer à cet inconvénient, ce qui occasionne une perte de feuilles et de temps.

Dans les éducations d'automne, *à la température naturelle,* la feuille, n'éprouvant aucune transition, se conserve fort longtemps sur les claies après la distribution des repas; le ver peut l'absorber entièrement. Il y a donc économie de feuilles et de main-d'œuvre, les repas et les délitements pouvant être moins répétés. Mais c'est surtout au point de vue hygiénique, dans le cinquième âge du ver, que l'avantage de ces éducations se montre dans tout son jour.

Arrivée à un degré presque complet de siccité, la feuille d'automne n'amène avec elle dans l'atelier aucun changement hygrométrique appréciable; se conservant parfaitement des journées entières sur les claies, nous avons vu l'insecte la reprendre plusieurs heures après son repas, et avec la même avidité que si elle venait de lui être servie. Les litières étant peu importantes et sèches, il n'y a pas de fermentation. Il n'est pas rare de voir, par la seule puissance des vents du nord, descendre

l'hygromètre à 50 degrés ; effet que l'application de tous les moyens les plus éner-
giques de ventilation artificielle ne pourrait produire au printemps.

Enfin, le ver, arrivant au même résultat avec une consommation de feuilles près
de moitié moins importante qu'au printemps, n'est atteint par aucune maladie ; il
ne se vide pas au moment de la montée, d'où l'on doit conclure que les affections
qui ravagent nos éducations printanières, la grosserie surtout, ne sont dues qu'à
l'excès d'humidité dont la feuille, et par suite les ateliers, sont surchargés à cette
dernière époque, ce qui démontre une fois de plus la nécessité, pour les éducations
du printemps plus particulièrement, de l'assainissement des magnaneries, au moyen
de délitements fréquents et d'une ventilation constante et énergique. Ce sont là, du
reste, des observations qui ne sont pas neuves, reconnues depuis longtemps et con-
statées par tous les auteurs qui nous ont devancé, et dont nous avons déjà signalé
les intéressants travaux [1].

Indépendamment des avantages incontestables que les éducations d'automne présentent au point de vue économique et industriel, il est une autre question non
moins importante, qui, dans les circonstances actuelles, milite en leur faveur, et
qui devrait suffire pour les faire admettre dans la pratique. Nous voulons parler de la
reproduction au point de vue de la régénération de l'espèce. Il nous a été démontré,
en effet, par des expériences successives, que les graines résultant de ces éducations
ont constamment donné les meilleurs résultats au printemps suivant, à côté d'insuccès
complet de diverses races, bien qu'élevées simultanément dans un même local et
nourries avec la même feuille.

Ce phénomène tient-il à la qualité de la seconde feuille, venue à l'abri des causes
morbides qui affectent celle du printemps, à la supériorité de la feuille sauvage, ou
à la température naturelle dans laquelle l'insecte est élevé, ou bien aux trois causes
réunies ? C'est ce qu'il ne nous est pas permis d'affirmer. Disons seulement que nous
n'avons rencontré de meilleure graine, depuis quelques années, que celle que nous
recueillons en automne, et, à ce point de vue, nous ne saurions trop engager les
éducateurs à poursuivre leurs expériences, surtout par de petites éducations isolées
et spéciales pour graines, accomplies dans les conditions que nous indiquerons, afin
de se procurer avec économie pour le printemps suivant des œufs offrant toute sécurité de succès.

Les vers que nous obtenons au printemps, provenant d'œufs recueillis en automne,
montrent la plus grande vigueur ; les papillons sont également fort beaux et très-
vigoureux, ardents à l'accouplement. La ponte est très-abondante, dépassant le plus

[1] *Nouvelles considérations sur la nécessité d'augmenter la production de la soie en France.*

souvent 100 grammes d'œufs par kilogramme de cocons. Bien que livrés à eux-mêmes, les papillons s'accouplent et se séparent plusieurs fois; la durée de leur existence se prolongeant quelquefois au-delà de vingt-cinq jours après la ponte.

Disons enfin que ce qu'il y a de remarquable dans les éducations d'automne accomplies à la température naturelle, est, ainsi que nous l'avons toujours signalé, l'absence complète de maladies, sans en excepter la muscardine. Cette dernière maladie n'étant, selon nous, que le produit d'un champignon résultant d'une atmosphère chaude et humide occasionnée par la fermentation des litières dans l'obscurité, les conditions exceptionnelles dans lesquelles doivent s'accomplir les éducations d'automne sont un préservatif naturel contre ce fléau des magnaneries. En effet, point de chauffage, température naturelle, feuilles moins chargées de parties aqueuses : tels sont les éléments salutaires qui accompagnent les éducations automnales et qui doivent les préserver des causes morbides dont celles du printemps sont entourées, surtout si à ces incontestables avantages viennent se joindre les délitements nécessités par les circonstances et les soins de propreté convenables.

Si l'on considère les quantités relatives de feuille consommées par les éducations du printemps et celles de l'automne, on ne sera plus étonné de l'état de vigueur et de santé que présentent celles-ci.

Dans les éducations d'automne, cette économie est d'environ 45 pour 100, c'est-à-dire que le ver d'automne trouve dans la consommation de 55 kilogr. de feuilles autant de parties nutritives que dans 100 kilogr. que le ver du printemps est obligé d'absorber pour arriver au même résultat.

Cet excédant de 45 pour 100 n'étant composé en majeure partie que de substances aqueuses inutiles ou même nuisibles à l'insecte, on ne devra pas être étonné des maladies qui naissent de cette situation, auxquelles sont exposées les éducations du printemps.

C'est surtout dans le cinquième âge du ver que l'avantage de cette économie de feuilles se montre dans toute sa supériorité, non-seulement au point de vue de la dépense, mais encore sous le rapport de l'heureuse influence que cette diminution dans la consommation de la feuille exerce sur la constitution de l'insecte et l'état de la chambrée en général.

On sait, en effet, que c'est le plus communément à cette dernière période de l'éducation, et alors que presque tous les frais sont faits, que l'on voit trop souvent échouer les chambrées, surtout si l'intelligence des magnaniers ne vient suppléer aux fréquents accidents qui naissent de l'altération de l'air résultant de la fermentation des litières, de la grande humidité produite par les quantités considérables de feuilles journellement introduites dans l'atelier, et de la transsudation des insectes. La chambrée court inévitablement à sa perte si à ces causes délétères viennent se joindre encore les pernicieux effets d'un vent d'est, d'une atmosphère lourde, accablante, et d'une pluie soutenue.

Ces inconvénients, reconnus par la pratique, sont, ainsi que nous l'avons déjà dit, signalés par nos devanciers.

Conditions générales de succès dans lesquelles le praticien doit se placer.

Ayant fait connaître, dans une précédente publication, les procédés à suivre pour la conservation des graines jusqu'en automne, au moyen desquels tout éducateur pourra se procurer, avec 90 pour cent d'économie, une graine offrant toute sécurité de succès, et sans même prétendre à un brevet de réinvention, il nous reste à indiquer ici les conditions dans lesquelles le praticien doit se placer pour conduire, en automne, une éducation *industrielle* avec non moins de profits que l'on peut retirer de celles du printemps, et pour se procurer surtout de bons sujets reproducteurs pour la récolte du printemps suivant.

La feuille est aux jeunes vers comme à l'enfant le lait de sa mère, a dit, il y a bientôt trois siècles, le patriarche de l'agriculture française ; et, en d'autres termes, son digne émule Camille Beauvais : *le ver ainsi que le bouton doivent naître le même jour, et pour ainsi dire sous le même soleil.*

Ce précepte formant l'unique base des éducations automnales, c'est de sa rigoureuse observation que dépend tout le succès, les autres conditions d'éducation différant fort peu de celles du printemps.

Ainsi que tout observateur aura pu le remarquer, la végétation de l'automne diffère essentiellement de celle du printemps: celle-ci, contrariée dans sa marche par les écarts brusques et fréquents de la température printanière, se développe lentement ; tandis que l'autre, au contraire, croît avec une rapidité telle, que la feuille du jour est souvent impropre, le lendemain, à la nourriture de la jeune larve.

La feuille tendre, nous ne cesserons de le répéter, est le point capital d'où naissent les succès ou les revers des éducations automnales, et sur lequel nous ne saurions trop appeler l'attention des éducateurs, En effet, pendant les trois ou quatre premiers jours qui suivent sa naissance, le ver n'attaquant la feuille que par sa surface, et ne se nourrissant que de la partie la plus aqueuse, il lui faut une feuille tendre, juteuse, appropriée enfin à la faiblesse de ses mandibules et en harmonie avec ses tendres organes. C'est donc une grave erreur de croire, ainsi qu'on l'a affirmé, que le ver à soie *peut, à tous les âges, attaquer ou se nourrir utilement de feuilles entièrement développées.*

Une feuille tendre et délicate, née et développée avec l'insecte et appropriée, enfin, à son âge, est la première condition de succès. Une nourriture trop substantielle et par conséquent indigeste, indépendamment des difficultés souvent insurmontables qu'elle présente aux faibles mandibules de la chenille, entraîne avec elle une irritation intestinale ou lienterie qui lui fait émettre une soie mal élaborée, ou la fait périr aux approches de la montée. L'insecte rend la feuille mal digérée : tantôt ses matières alvines sont dures et petites, c'est le ténesme ; tantôt elles sont visqueuses, purulentes, mais toujours vertes ; c'est la dysenterie. La lienterie, souvent inaperçue, prédispose la larve à d'autres maladies.

C'est donc, on ne peut le nier, d'une alimentation convenable et des soins plus ou moins intelligents, plus ou moins assidus, donnés au ver dans son jeune âge, que dépend en majeure partie l'avenir de la chambrée : un ver robuste résistera aux fréquents accidents auxquels il est exposé durant les dernières périodes de son existence, qu'une constitution frêle ou débile ne lui permettra pas de traverser.

Si l'on veut surtout conserver cette égalité si nécessaire dans la marche de la chambrée, cette simultanéité indispensable dans l'accomplissement de toutes les phases de l'existence de l'insecte, conditions qui ne dérivent que d'une nourriture de maturité égale et d'une température uniforme, ce n'est pas, ainsi que le préconisent d'illustres professeurs, à l'extrémité des rameaux des mi-vents ou des plein-vents, ni même des mûriers nains, *en descendant jusqu'aux six premières feuilles*, qu'il faut aller chercher la nourriture propre à l'alimentation des jeunes larves d'automne, mais bien uniquement sur les espèces de mûriers vivaces, tels que le Multicaule, le Moretti, le Lou, le *Morus Japonica*, etc., qui se prêtent à toute espèce de mutilation et dont les feuilles toujours nouvelles et parfaitement appropriées à la faiblesse du ver naissant, paraissent avoir été créées expressément pour les éducations multiples, et comme auxiliaires, et pour le soulagement des autres mûriers.

Tel est le principe, le seul rationnel, indiqué par les Chinois, et sur lequel, nous le répétons, repose le succès des éducations automnales, aussi bien que celui des éducations du printemps, et l'avenir des mûriers ordinaires, dont la ruine serait inévitable si on les soumettait plus longtemps au traitement intempestif recommandé par d'habiles réinventeurs.

Espèces de mûriers sauvages à grandes feuilles qui conviennent aux éducations automnales, comme auxiliaires aux mûriers greffés ; leur culture , leur taille ; sol et exposition qui leur conviennent le mieux ; cueillette de leurs feuilles et frais.

Il devient indispensable à tout propriétaire qui se propose d'entreprendre avec fruit des éducations industrielles en automne , et qui tient surtout à conserver ses plantations , de se munir des variétés vivaces que nous avons indiquées. L'éducateur trouvera non-seulement dans ces espèces les ressources indispensables à ces sortes d'éducations, mais encore un avantage incontestable pour celles de printemps. La végétation hâtive de ces plantes, que l'on peut d'ailleurs, en raison de leur faible dimension et du peu d'espace qu'elles occupent , facilement abriter contre les accidents qui naissent des variations de la température printanière , lui permettra de devancer l'époque ordinaire de l'éducation et d'arriver à la montée avec plus de chance de succès, si cette ascension précède le développement de la maladie végétale ; il pourra trouver enfin une utile ressource au cas de gelées tardives auxquelles les mûriers sont exposés au printemps.

CULTURE DES MURIERS AUXILIAIRES ; TAILLE, NATURE DU SOL ET EXPOSITION QUI LEUR CONVIENNENT LE MIEUX.

Placés à un mètre de distance en tous sens , dans un sol perméable, léger ou sablonneux et arrosable, préalablement défoncé à 50 centimètres de profondeur, convenablement cultivé et abrité du Nord par un mur ou une simple palissade, ces mûriers, taillés en buisson , fourniront d'abondantes feuilles qui , dès la première année, pourront être utilisées aux éducations d'automne. Il suffira , pour en favoriser le développement, de couper l'extrémité des rameaux au-dessous du dernier bourgeon, et de donner en même temps une culture et un arrosage à la plante, si la terre était trop sèche, afin de forcer les sous-yeux de fournir de nouveaux rameaux. Cette opération doit être pratiquée peu de jours avant de mettre la graine à l'incubation, et sur quelques sujets seulement, dont le nombre devra être proportionné aux besoins de l'éducation. On procédera de même chaque jour sur un plus grand nombre de sujets , de manière à se ménager la feuille nécessaire jusqu'à la fin du troisième âge, en se réservant quelques repas pour l'entrée et la sortie des deux mues suivantes.

La taille annuelle ne devra être pratiquée qu'après la cueillette du printemps, si l'on veut utiliser les deux feuilles de l'année.

CUEILLETTE DE LA FEUILLE, ET FRAIS.

Pendant le premier âge, on ne devra servir aux vers que la dernière feuille venue à l'extrémité des rameaux, née ordinairement de la veille, que l'on détachera avec l'ongle, afin de ne point nuire au développement des bourgeons, qui fourniront chaque jour de nouvelles feuilles et permettront ainsi de maintenir l'équilibre dans toutes les parties de la chambrée. On descendra successivement d'une feuille d'âge en âge, sans jamais confondre celle du jour avec celle de la veille.

La fraîcheur de la nuit endurcissant la feuille, il convient d'en ramasser le soir, avant le coucher du soleil, une quantité suffisante pour les deux premiers repas du matin.

Placée entre deux toiles mouillées étendues sur le sol, cette feuille peut, au besoin, se conserver parfaitement fraîche pendant plusieurs jours.

On a considérablement exagéré les frais de cueillette, très-difficile du reste, nous devons le reconnaître, et même impraticable dans une éducation industrielle de quelque importance, en suivant les procédés défectueux enseignés par nos contemporains.

Il nous est permis d'affirmer, par notre propre expérience, que ces frais de cueillette sont moins coûteux en automne qu'au printemps. On reconnaîtra cette vérité si l'on considère, en effet, que, par sa structure et la grande dimension de ses feuilles, le *Morus Japonica* se prête admirablement à cette cueillette, une seule femme pouvant suffire aux besoins journaliers de l'éducation de 10 onces d'œufs.

La feuille, ramassée une à une, étant naturellement émondée, on n'a pas besoin de procéder à cette double opération, assez longue et dispendieuse dans les éducations printanières.

Quantité de mûriers auxiliaires nécessaire à une éducation d'automne.

Les plantations de mûriers sauvages à grandes feuilles doivent être combinées de manière que l'on puisse alimenter les vers pendant les trois premiers âges au moins. Indépendamment des qualités hygiéniques que l'insecte puisera dans la consommation de cette feuille sauvage, elle offre encore une grande économie.

Nous avons déjà indiqué les espèces de mûriers sauvages qui nous paraissent les plus favorables à l'alimentation de la jeune larve ; nous croyons devoir faire observer toutefois que, en raison de l'excessive fragilité de ses feuilles, le multicaule ne pouvant être cultivé que dans des conditions exceptionnelles que n'exigent pas les autres espèces, le *Morus Japonica* notamment, celui-ci doit lui être préféré.

Nous ferons connaître au titre de la culture spéciale de cette plante, les fabuleuses ressources qu'elle peut offrir à la production nationale, procédé que nous pourrions garder pour nous seul et que nous ne croyons pas même devoir protéger par un brevet d'invention.

Voici les quantités de feuilles de *Morus Japonica* que nous employons annuellement pour l'éducation des vers résultant de 25 grammes d'œufs, réalisée en automne :

$$
\left.
\begin{array}{lll}
1^{er}\ \text{âge, kil.,} & 2, 500\ \text{gram.} \\
2^e\ —\ — & 8, 000\ — \\
3^e\ —\ — & 26, 000\ — \\
4^e\ —\ — & 77, 500\ — \\
\end{array}
\right\}\ \text{Kil., 114 feuilles du } Morus\ Japonica.
$$

$$5^e\ —\ —350, 000\ —\qquad 350\ \text{feuilles de mûriers ordinaires.}$$

Cette consommation est donc d'environ

114 kilog. feuilles du *Morus Japonica* pour les quatre premiers âges, et de 350 kilog. feuilles de mûriers ordinaires pour le cinquième âge.

─────

464 kilog.

Dans ce dernier âge, la végétation étant à peu près arrêtée, on peut, sans danger pour l'arbre, arracher la feuille de la même manière qu'on le pratique pour les éducations du printemps, mais en les prenant à rebours, c'est-à-dire du haut en bas et en laissant à l'extrémité supérieure de chaque scion une ou deux feuilles, afin de favoriser la circulation de la sève au cas où, sous l'influence de quelque retour des dernières chaleurs de l'automne, cette sève ne serait pas entièrement arrêtée.

L'énorme différence qui se fait remarquer entre le chiffre de la feuille de mûriers ordinaires consommée en automne dans le cinquième âge, et celui du printemps, est en rapport avec la production. Ainsi, tel arbre qui, dans le cinquième âge du ver, produirait au printemps 100 kilogrammes de feuilles, n'en donne en automne que 55 à 60. Cette différence s'explique par l'état de maturité et de siccité auquel est parvenue la feuille d'automne au moment du second effeuillement de l'arbre, qui en rend l'opération si facile.

On comprendra, du reste, que cette quantité n'a rien d'absolu, et que, de même que l'époque de l'éducation doit être avancée ou reculée suivant le climat ou la température des lieux, de même aussi le chiffre de la feuille consommée doit également présenter quelques différences, suivant la culture, la nature du sol et du végétal.

Placé dans un terrain de qualité assez médiocre, mais bien préparé et convenablement cultivé, le *Morus Japonica* nous a produit, à l'âge de trois ans, ou celui de la cinquième récolte, un kilogramme de feuilles par sujet, et deux kilogrammes à la quatrième année, ou sa troisième de plantation à demeure. 125 sujets de ce premier âge, occupant une superficie de 125 mètres carrés de terrain, seront donc plus que suffisants pour 25 grammes d'œufs.

Avantages de la culture du mûrier sauvage à grandes feuilles, sur les espèces greffées.

Nous n'insisterons pas ici sur les avantages qui résultent, pour le ver, de la consommation de la feuille sauvage et sur les inconvénients de la feuille greffée, les ayant déjà signalées ailleurs [1]; depuis Olivier de Serres jusqu'à nos jours, la feuille sauvage a été recommandée par tous les auteurs qui ont écrit sur la matière. Nous croyons pouvoir ajouter que, au point de vue économique, le mûrier sauvage à grandes feuilles doit être préféré aux meilleures variétés greffées. Les mêmes considérations qui ont prévalu dans la substitution du mûrier greffé aux espèces sauvages à petites feuilles, doivent donc suffire aujourd'hui pour les faire repousser de la culture.

Revenu immédiat, facilité de la taille et de la cueillette, économie de consommation et supériorité de produits au point de vue industriel et de la santé de l'insecte: telles sont les qualités qui distinguent le mûrier sauvage à grandes feuilles de toutes les espèces greffées.

Sans doute que, cultivé de la manière que nous avons indiquée, le mûrier sauvage à larges feuilles ne deviendra pas séculaire; mais s'il n'a pas la même durée de l'arbre à haute tige, espacé à dix mètres, la facilité de sa reproduction et les ressources immédiates qu'il offre aux planteurs peuvent bien compenser, peut-être même dépasser, ce privilège de longévité, surtout si la somme des produits que nous devons en retirer en quelques années égale celle qu'il nous faudrait attendre pendant un siècle du mûrier à plein vent.

[1] *Nouvelles considérations sur la nécessité d'augmenter la production de la soie en France.*

Culture spéciale du MORUS JAPONICA.

Nous avons expérimenté toutes les natures de sol et d'exposition, et, bien que le *Morus Japonica* prospère partout avec une égale facilité, une terre légère, sablonneuse, profonde et perméable, est néanmoins celle qui lui convient le mieux; sa végétation et la qualité de ses feuilles seront donc en raison de la réunion ou du rapprochement de ces trois conditions fondamentales.

Après avoir préalablement fait défoncer le terrain à 50 centimètres de profondeur, nous plantons à 1 mètre de distance en tous sens, et en quinconce, des sujets de l'année précédente, venus en pépinière, et qui nous ont déjà fourni une récolte; cette plantation se fait en hiver.

Au mois de mars suivant, et alors que les bourgeons commencent à se gonfler, nous taillons la plante à 10 ou 15 centimètres au-dessus du collet de la racine; ces nouvelles pousses, qui atteignent 2 à 3 mètres de hauteur, suivant la culture plus ou moins intelligente que reçoit le sujet, fournissent la feuille propre à l'éducation d'automne, dont les dimensions peuvent dépasser 25 à 30 centimètres dans un sol arrosable, sans nuire à leurs qualités nutritives.

Indépendamment des avantages qui précèdent, le *Morus Japonica* offre une ressource autrement importante que nous avons empruntée aux Chinois, et qu'il nous reste à signaler.

Il est incontestable que la Chine nous a précédés dans un grand nombre d'inventions précieuses; c'est de ce pays, dont nous ignorons sans doute encore une foule d'intéressantes et utiles découvertes, que l'industrie de la soie a été importée en Europe.

Dans l'étendue d'un *mau*, les Chinois sèment un *shing* de graines de mûrier. Ils en obtiennent 10,000 pourettes qui se réduisent à 8,000, et qui après six à sept mois donnent 17 *péculs* de feuilles (1,022 kilogrammes), produisant 8 à 10 *cattys* de soie filée (4 kilogram. 500 gram. à 6 kilogram.).

Nous n'avons pu, malgré nos recherches, trouver le rapport qui existe entre le *shing* de graine et le *mau* de terrain, avec nos poids et nos mesures; nous devons penser toutefois que l'un et l'autre sont de peu d'importance, si nous en jugeons par notre propre expérience.

Les essais de semis et de boutures nous ayant démontré que l'avantage restait en faveur de ce dernier procédé, nous convertissons en boutures l'émondage des arbres, après la cueillette de la première feuille du printemps. Nous piquons ces boutures dans un terrain préparé de la manière indiquée plus haut. Placées à 25 centimètres, en lignes espacées à 50 centimètres les unes des autres, afin de faciliter la culture, 1 hectare peut donc recevoir 80,000 sujets qui, à l'âge de trois à quatre mois, fournissent la feuille pour la récolte d'automne.

Les sujets qui, dans un si court espace, c'est-à-dire en moitié moins de temps que n'emploient les Chinois, ont déjà fourni deux récoltes, une sur la tige mère et l'autre sur la pourette, s'élèvent cependant à plus de 1 mètre de hauteur dans la même année.

Extraits de la pépinière à l'hiver de cette même année et plantés à demeure, ces arbres fournissent, au printemps suivant, de vigoureux et excellents produits servant à l'alimentation de l'insecte et à la reproduction de l'espèce.

Telles sont les ressources que le *Morus Japonica* offre à la sériciculture européenne, ce qui ne l'a cependant pas mis à l'abri de la critique. Toutefois, hâtons-nous de dire que si cette précieuse plante a rencontré, comme toutes les nouvelles découvertes du reste, quelques rares détracteurs, ignorants ou mus par un sentiment de basse jalousie, elle a été aussi l'objet, nous sommes heureux de le dire, d'unanimes et hautes approbations. Le Jury des concours régionaux agricoles a, par une triple sanction, attesté son incontestable mérite, que ne sauraient rabaisser de mesquines et impuissantes rivalités.

Conservation des œufs pour les éducations d'automne.

Les graines propres aux éducations d'automne ne diffèrent de celles du printemps que par le retard que l'on provoque dans le travail de l'embryon, au moyen d'une basse température.

C'est donc en suspendant la vie de l'insecte pendant quatre à cinq mois au-delà de l'époque ordinaire de sa naissance, et avec les précautions indiquées[1], que nous sommes parvenu à résoudre utilement le problème, procédé dont nous n'avons pas cru devoir faire mystère, en le cuirassant d'un prétendu brevet de *réinvention*.

Nous n'avons pas à examiner si notre système est inférieur, égal ou préférable à d'autres; disons seulement, et l'expérience nous permet de l'affirmer, que l'éclosion des graines conservées par nos procédés est aussi complète, plus régulière, plus simultanée, et donne des produits supérieurs à ceux résultant des éducations de printemps.

[1] *Nouvelles considérations sur la nécessité d'augmenter la production de la soie en France.*

Procédés à suivre dans la conduite des éducations d'automne ; avantages de la température automnale.

Le cadre déjà trop élargi de cette Notice, qui s'adresse d'ailleurs à des éducateurs, m'impose l'obligation de m'abstenir de toutes considérations sur la construction et l'ameublement des magnaneries, ainsi que des détails minutieux des procédés d'éducations, déjà fort clairement décrits, du reste, dans de nombreux ouvrages spéciaux et de mérite incontestable, dont le chiffre s'est tellement accru en peu d'années, qu'il ne reste aujourd'hui que l'embarras du choix.

La conduite des éducations d'automne diffère de celle des éducations de printemps, par la cueillette de la feuille donnée aux vers pendant les quatre premiers âges, cueillette que l'on est obligé de faire, ainsi que nous l'avons déjà dit, avec l'ongle ou avec des ciseaux, afin de ménager les sous-yeux des rameaux de l'arbre, pour ne pas nuire à la récolte du printemps suivant, procédé recommandé par les Chinois.

Elle diffère encore par l'économie de chauffage, que nous supprimons complètement, et les avantages qui résultent de la température naturelle dans laquelle nous faisons vivre l'insecte.

Il est rare de voir s'écouler les mois d'août et septembre sans l'arrivée de quelque orage qui, en apportant à la terre les éléments d'une nouvelle végétation, favorise singulièrement l'apparition journalière et le rapide développement de jeunes et nombreuses feuilles sur le *Morus Japonica*, tout en donnant de la souplesse à celles dont il est déjà chargé, Il faudrait donc, ainsi que les Chinois le prescrivent dans leurs nombreux traités, suppléer à la sécheresse par un arrosage au pied de la plante, et de la manière déjà indiquée au titre de la Culture des mûriers auxiliaires.

La feuille cueillie sur l'arbre arrosé au pied depuis la veille seulement, de sèche et coriace qu'elle était avant l'arrosement, est devenue souple et tendre ; ce procédé est donc bien préférable au mouillage de la feuille, indiqué par quelques auteurs, qui n'a d'autre effet que d'endurcir la feuille et de favoriser la fermentation des litières, par suite de l'humidité qu'il entraîne dans l'atelier.

On a élevé des doutes, dans ces derniers temps, sur la nécessité du degré de température à maintenir dans les magnaneries, généralement adopté par les sériciculteurs et dont l'utilité est attestée par l'expérience des siècles.

Prenant pour règle la marche de la nature, appuyée de quelques faits isolés d'éducation en plein air, dont l'expérience a fait justice, on a prétendu que *la jeune larve exigeait moins de chaleur que le ver âgé.* Cette opinion erronée ne mériterait pas même les honneurs d'une réfutation, si la haute autorité dont elle émane ne nous faisait un devoir de la relever.

S'il nous fallait puiser dans la nature des exemples à opposer à cette nouvelle doctrine, nous ne serions arrêté que par l'embarras du choix. La tendre sollicitude des animaux, de l'homme lui-même, pour leurs jeunes progénitures, ne nous indiquerait-elle pas déjà les soins à donner aux jeunes larves, si l'expérience n'était venue démontrer la nécessité de suppléer par l'art aux intempéries de notre climat ?

Disons donc seulement que nos expériences sur ce point nous ont permis d'observer que, de même qu'à une certaine limite de température le mûrier ne végète pas utilement, de même aussi la jeune larve souffre sous une température anormale à sa constitution originelle, que l'acclimatation a bien pu modifier, mais non changer entièrement. Engourdi par le froid, le jeune ver, ne pouvant prendre de nourriture, succomberait infailliblement si cet état se prolongeait ; c'est ce qui nous a été démontré par la pratique. Le ver né à une température inférieure à 15 degrés Réaumur ne résiste pas si cette température se prolonge indéfiniment, tandis qu'aux derniers âges de son existence il ne sera pas arrêté dans sa marche par un abaissement de plusieurs degrés. Il faut reconnaître toutefois que les cocons seront d'autant plus faibles que la température sera plus basse.

A l'état de nature, les choses se passent tout différemment : ranimé à certains moments du jour par le retour du soleil, le ver peut puiser de nouvelles forces dans la nourriture qu'il trouve à sa portée, qui lui permettra de résister plus ou moins longtemps aux intempéries qu'il rencontrera dans sa course ; il pourra même parvenir à tisser un *mauvais cocon* si les oiseaux lui en laissent le temps.

A ce point de vue encore, les éducations d'automne présentent un avantage sur celles du printemps. La température marchant en sens inverse, la larve naît, en automne, dans des conditions beaucoup plus favorables à son existence, ainsi qu'on le verra plus loin.

Époque de l'éducation.

Ainsi que nous l'avons déjà dit, l'époque de l'éducation n'a rien d'absolu, elle doit varier suivant le climat ou la température des lieux, de telle manière que le cinquième âge devance le moment de la chute des feuilles des mûriers ordinaires.

Éclosion. — L'éclosion s'opère ordinairement du 10 au 20 août dans la partie basse du département de l'Hérault ; elle doit précéder cette date de quelques jours dans la partie élevée et les autres lieux où les froids arrrivent plus précocement.

3

Le travail de l'embryon est plus lent en automne qu'au printemps, et ne dure pas moins de douze jours depuis la sortie de la glacière aux premières naissances, par le motif sans doute que la graine n'a pas été prédisposée au travail par les variations de la température printanière.

L'éclosion s'opère à la température naturelle, que l'on peut élever dans le jour en fermant les ouvertures du côté du Nord, et abaisser au besoin par l'effet contraire et au moyen de linges ou rideaux mouillés suspendus aux ouvertures.

On devra fermer les fenêtres après le coucher du soleil, et n'ouvrir le matin qu'après son lever, afin de maintenir pendant la nuit la même température du jour.

Hors le cas d'un hiver précoce, on peut poursuivre l'éducation jusqu'à la fin, à la température naturelle, bien qu'elle s'abaisse d'âge en âge, ainsi qu'on pourra le constater au moyen du tableau ci-après.

Éducation de 250 grammes œufs réalisée, en 1858, à la température naturelle.

Incubation....................... 18   août.
Naissances..................... 30 et 31
Délité de la 1re mue.......... 7 septembre.
    —   2e   — 13   —
    —   3e   — 20   —
    —   4e   — 29   —
Montée...................... 10 et 11 octobre.

Température moyenne de l'atelier.

Incubation............ 19 degrés Réaumur.
Naissances............ 18 3/4   —
1er âge.............. 17 1/4   —
2e âge.............. 15 1/2   —
3e âge.............. 15 1/2   —
4e âge.............. 15 1/4   —
5e âge.............. 13 1/2   —

Feuille consommée.

1re âge......... 26 kilogr. *Morus Japonica.*
2e âge......... 78   —   —
3e âge......... 256   —   —
4e âge......... 773   —   —
5e âge......... 3494   — mûrier ordinaire.

Produit.

507 kilogr. 200 grammes cocons, à 5 fr. le kilogr.......... 2,036 fr. » c.
Fumier résultant des litières.......................... 35 »
                                                    2,071 »

Frais.

250 grammes graines, à 1 fr. 50 c. les 25 grammes.. 15 » ⎫
210 journées de femme, à 1 fr. 25 c.............. 262 50 ⎬ 277 50
                                                         ⎭

Produit net,......... 1,793 fr. 50 c.

donnant à la feuille consommée un prix de 38 fr. 75 c. les 100 kilogrammes.
Le produit relatif est de :

1,628 grammes cocons par gramme d'œufs, ou de
40,700 grammes cocons par once de 25 grammes d'œufs, et de
8,800 grammes cocons par 100 kilogrammes de feuilles consommées.

Les cocons, de qualité irréprochable, placés à une température de 16 à 18 degrés Réaumur, ont donné naissance, après vingt jours d'incubation, à de fort beaux papillons, très-vifs, ardents à l'accouplement, qui ont produit d'abondantes et excellentes graines, et dont la quantité n'a pas été inférieure à 100 grammes par kilogramme de cocons.

Les vers provenant de ces graines, élevés au printemps suivant, ont donné d'excellents et abondants produits.

1er *Age.* — Les vers d'automne étant, ainsi que nous l'avons déjà dit, élevés à la température naturelle, nous n'avons pas à nous préoccuper du degré hygrométrique de l'air ambiant, celui-ci n'étant point, comme dans les éducations du printemps, raréfié par le chauffage. Nous pourrions, à l'appui de nos assertions, présenter un essai précoce de nos graines d'automne que nous poursuivons au moment où nous traçons ces lignes, dont les vers sont entrés dans la première mue au quatrième jour de la naissance, avec une simultanéité remarquable et un état de santé qui font l'admiration des nombreux connaisseurs qui viennent les visiter.

Ces vers sont nés le 16 juillet, après dix jours d'incubation, à la température variable de 18 à 20 degrés Réaumur, marquant 50 à 60 degrés à l'hygromètre.

Pour conserver l'égalité dans la marche des vers et les faire arriver ensemble à la première mue, nous ne leur servons, dans le premier âge, que la première feuille venue à l'extrémité des rameaux du *Morus Japonica* détachée avec l'ongle et coupée menu, qui, bien que née la veille, a cependant atteint déjà la double dimension de celle d'une pièce de cinq francs.

Dans cet âge, les vers de 25 grammes d'œufs consomment environ 2 kilogrammes 500 grammes de feuilles, et doivent occuper, au moment de la mue, une superficie de 2 mètres 50 centimètres.

Le nombre des repas est de cinq chaque jour, espacés de quatre heures, en commençant à cinq heures du matin.

Le *Morus Japonica* fournissant chaque jour de nouvelles feuilles, 125 sujets de seconde année de plantation à demeure, traités ainsi que nous l'avons indiqué au titre de la Culture des mûriers auxiliaires, peuvent suffire à l'alimentation des vers issus de 25 grammes d'œufs.

Il devient inutile de faire observer que les vers doivent être délités à la sortie de chaque mue, et plus fréquemment si le besoin l'exige.

2ᵉ Age. — Dans ce deuxième âge, nous servons aux vers la seconde feuille du *Morus Japonica*, toujours détachée avec l'ongle et coupée moins menue ; la quantité nécessaire est d'environ 8 kilogrammes.

Le nombre des repas peut être réduit à quatre.

L'espace occupé par les vers doit être de 5 mètres carrés.

3ᵉ Age. — Nous donnons aux vers, dans cet âge, la troisième feuille du *Morus Japonica*, qui a déjà acquis une très-grande dimension, que nous détachons avec des ciseaux et que nous coupons de plus en plus gros.

La quantité consommée est d'environ 26 kilogrammes par 25 grammes d'œufs ; le nombre des repas toujours de quatre, comme dans l'âge précédent, et l'espace occupé 12 mètres carrés.

4ᵉ Age. — Aux deux premiers repas de ce quatrième âge, nous servons la troisième feuille du *Morus Japonica*, toujours détachée avec des ciseaux, et indistinctement celles qui arrivent après pour les repas subséquents, en continuant à couper plus gros.

Dans cet âge, les vers de 25 grammes d'œufs consomment environ 77 kilogrammes de feuilles du *Morus Japonica*.

Quatre repas sont encore nécessaires pendant toute la durée de ce quatrième âge, dont on doit même augmenter le nombre au temps de la frèze.

Les vers doivent couvrir un espace de 25 mètres carrés.

Un délitement au moins doit être opéré dans le milieu de cet âge.

5e *Age.* — Comme dans l'âge précédent, nous servons aux deux premiers repas de celui-ci la feuille du *Morus Japonica*, qui a atteint 15 à 20 centimètres de dimension, et que nous continuons à détacher avec des ciseaux. Nous servons ensuite la feuille du mûrier ordinaire, ramassée à la main, en descendant de l'extrémité à la base des scions, laissant à leur sommet le jeune bouquet de deux ou trois feuilles qu'il porte, par les motifs indiqués au titre du Nombre de mûriers auxiliaires nécessaires à une éducation d'automne.

La quantité de feuille nécessaire à ce dernier âge est d'environ 350 kilogrammes par once de 25 grammes d'œufs mis à éclore.

L'étendue occupée par les vers doit être de 50 mètres carrés au moment de leur plus grand développement, c'est-à-dire au sixième jour.

Trois délitements sont indispensables dans le cours de cet âge.

Si les prescriptions qui précèdent ont été ponctuellement suivies, les vers marcheront avec ensemble, et les mues, s'accomplissant avec simultanéité, arriveront à la montée d'une manière très-régulière.

La durée de l'éducation sera de 32 à 40 jours, suivant le degré dans lequel elle aura été accomplie.

L'inégalité des vers ne résultant que de l'inobservation des prescriptions qui précèdent, l'on devra profiter du moment des mues pour rétablir l'égalité, au cas où elle aurait été troublée. A cet effet, on attendra que la majorité des vers d'une même claie soient endormis, et l'on procédera comme dans les délitements ordinaires, en plaçant sur les vers un filet en fil ou en papier, sur lequel on donnera le repas ; les vers non encore endormis, passant à travers les mailles du filet, monteront sur la feuille fraîche, laissant sur la litière leurs frères déjà en mue.

Ce procédé aura un double avantage d'ailleurs : celui de dédoubler les vers, et, en second lieu, de ne point enterrer sous la feuille les premiers endormis, en continuant à donner à manger à ceux qui veillent encore.

Si la chambrée a été conduite avec inintelligence, il peut se faire encore que le moyen que nous venons d'indiquer pour rétablir l'équilibre reste insuffisant. Pour ramener l'ordre, il faudra donc procéder par délitements successifs, et à vingt-quatre heures d'intervalle. Il est rare que le désordre résiste à un second délitement.

Si l'on ne s'apercevait du désordre qu'à la sortie de la mue, on pourrait également y porter remède en faisant deux levées : la première amènerait deux catégories de vers, ceux qui auraient fait la mue et ceux qui seraient prêts à la faire, en laissant sur la litière les vers qui ne seraient pas encore réveillés. On séparerait les deux catégories résultant de la première levée, par un nouveau délitement opéré le lendemain.

Montée. — Si l'on s'est conformé aux indications qui précèdent , les vers d'une même série arriveront avec ensemble à la bruyère , en conservant toutefois l'ordre dans lequel ils sont nés , à moins qu'on ne pousse les derniers venus par des repas intermédiaires , ou qu'on ne réduise le nombre de ceux donnés aux premiers nés. Il est moins facile de les égaliser par la température , ainsi qu'on le pratique au printemps, vu qu'en l'absence de chauffage celle-ci présente une uniformité parfaite dans toutes les parties de l'atelier.

Il est rare qu'au moment de la montée , qui a lieu dans la première quinzaine d'octobre, le thermomètre s'abaisse, dans la partie basse du département de l'Hé-rault , au-dessous de 12 à 13 degrés Réaumur, qui est l'échelle où s'arrête la végé-tation de l'arbre et qui permet de le dépouiller de ses feuilles sans préjudice pour lui. Dans tous les cas , il faudrait prévenir cet abaissement par un léger chauffage, surtout le soir, afin de ne pas arrêter le travail du ver. Pour rester dans de bonnes conditions, cette température ne devrait jamais être inférieure à 15 degrés Réaumur; car , bien qu'au dernier âge l'insecte puisse vivre et fonctionner dans un milieu moins élevé , ses produits pourraient se ressentir de cette condition , contraire à sa constitution et aux fonctions de ses organes.

Un léger chauffage avec du menu bois, ayant d'ailleurs pour effet d'activer la ven-tilation et de favoriser le renouvellement de l'air, devient indispensable lorsque les circonstances atmosphériques imposent la nécessité de fermer les ouvertures de l'atelier.

Nécessité pour chaque éducateur de faire sa graine.

La possession de bons œufs, bien qu'elle ne dispense pas des soins à donner à l'éducation , est cependant une des conditions les plus importantes de succès et sur laquelle on ne saurait trop appeler l'attention des éducateurs. On s'est peut-être trop pressé d'abandonner les races indigènes, pour courir les hasards d'une semence inconnue et dont le moindre des défauts consiste dans l'altération qu'elle peut con-tracter dans son déplacement.

Il est peu d'éducateurs qui ne reconnaissent par expérience les graves abus aux-quels le commerce des graines a donné lieu , devenu aujourd'hui l'objet d'un trafic important aussi coupable que scandaleux.

La meilleure graine étant celle qu'on confectionne soi-même, nous n'insisterons donc pas sur la nécessité pour chaque éleveur de faire à part , chaque année, une éducation spéciale dans les conditions prescrites, et dont les principales consistent dans le choix de papillons sains et vigoureux, d'une conformation parfaite, provenant des plus beaux cocons, issus de belles races, résultant d'une chambrée dans laquelle aucune maladie n'a fait de ravages, et enfin d'accouplements rationnels opérés dans une atmosphère pure et une température de 16 à 18 degrés Réaumur.

Telles sont les prescriptions consignées dans notre Tableau synoptique de sériciculture, imprimé en 1852 et arrivé à sa cinquième édition.

Procédés à suivre pour les éducations isolées et spéciales pour graines.

Au moment des naissances, on prendra, sur la première levée du second jour qui suivra les avant-coureurs, quelques vers, et dont l'importance sera limitée aux besoins de l'éducation de l'année suivante. On les élèvera isolément, c'est-à-dire dans un local séparé, bien espacés, nourris de la manière que nous avons indiquée, ou, autant que possible, avec de la feuille sauvage, à défaut de laquelle on substituera celle ramassée sur de vieux mûriers placés dans la partie la plus aride et la plus élevée du domaine. On délitera chaque jour et, au besoin, à chaque repas, au moyen de filets en fil ou en papier, en restituant à la chambrée industrielle les vers qui, à chaque délitement, seraient restés sur la litière. On arrivera, par ce moyen, à la montée avec des sujets parfaitement égaux et dont l'ascension à la bruyère sera simultanée.

On a proposé divers moyens pour l'épuration des races, tels que la ponte isolée de chaque femelle, le choix des vers un à un, au moment de la montée, ne présentant aucun des caractères de la maladie, l'étude de la transparence des œufs, etc. Tous ces procédés, comme tous ceux qui peuvent tendre au perfectionnement des races, et qui témoignent, du reste, des louables et laborieux travaux de leurs intelligents auteurs, nous paraissent excellents. Nous les avons signalés le premier, il y a bientôt trois ans, dans un des divers mémoires que nous avons adressés à l'Académie des sciences ; nous pensons donc que l'on ne doit en négliger aucun et que l'on doit, au contraire, s'entourer de toutes les garanties possibles pour hâter le moment tant désiré de la cessation du fléau, et de celui non moins ruineux du trafic des graines.

Le plus grand nombre des éducateurs pensent que lorsque l'ascension est terminée, l'atelier n'exige plus aucun soin ; on s'empresse même de boucher toutes les issues, dans l'idée que les cocons n'auront que plus de poids. C'est, au contraire, il faut qu'on le sache bien, à ce moment critique que les vers réclament le plus de sollicitude, une propreté excessive, le degré soutenu de chaleur, une ventilation convenable; enfin, une atmosphère pure étant nécessaire, on démamera le second jour et on délitera, si besoin est, le troisième après la montée.

Le ver n'employant que trois jours à construire son cocon, on pourrait, à la rigueur, déramer le quatrième jour qui suit l'opération du démamage , c'est-à-dire l'enlèvement des retardataires restés sur la litière; toutefois on doit, par précaution, renvoyer cette opération de quelques jours. On ne décoconnera donc que le septième ou huitième jour, sans jeter de haut les cocons destinés pour graine, leur chute pouvant endommager la chrysalide. Après avoir éliminé les cocons défectueux qui pourront se rencontrer, on procédera à la séparation des sexes au moyen de la balance.

La séparation des sexes à l'état de larve est encore un problème à résoudre, ainsi que nous l'a démontré notre propre expérience. On a cru reconnaître , en effet, le mâle dans les marques noires en forme d'yeux placées sur la tête du ver, et la femelle dans la larve qui ne porte pas ces caractères distinctifs. Bien que ce procédé ne présente rien d'absolu, il n'y a cependant pas d'inconvénient à le pratiquer. On pourra, par le double contrôle que nous allons indiquer, parvenir à la séparation à peu près complète des sexes.

Les cocons femelles étant généralement plus pesants que les cocons mâles, il sera facile de reconnaître si le choix a été bien opéré à l'état de larve, en plaçant un certain nombre de cocons mâles dans l'un des plateaux de la balance , et une égale quantité de cocons femelles dans l'autre : celui-ci devra nécessairement l'emporter sur le premier.

Il reste un troisième moyen de contrôle, qui consiste dans la moyenne du poids individuel des cocons. A cet effet , on s'assurera du poids total des cocons mâles placés dans la balance, dont on connaît déjà le nombre , et, s'il est de 500 cocons, par exemple, et que leur poids total arrive à 1,000 grammes, la moyenne pour chacun d'eux sera donc de deux grammes. On procédera ensuite à la pesée partielle, et tout cocon qui excédera ce dernier poids contiendra évidemment un papillon femelle.

On procédera de même pour les cocons femelles placés dans l'autre plateau de la balance, et tout cocon qui n'atteindrait pas le poids de deux grammes devrait être considéré comme renfermant un papillon mâle.

Par cette triple opération , on arrivera aussi près que possible de la séparation complète des sexes ; car, bien que la dernière méthode, consacrée par l'expérience et déjà signalée par M. Robinet, ne soit pas infaillible, elle présente néanmoins des chances de succès que l'on ne saurait trouver d'une manière aussi complète dans tout autre procédé.

S'il ne s'agit que de la confection de quelques onces d'œufs, on pourra réunir les cocons en deux chapelets, un de mâles, l'autre de femelles, en ayant soin de ne pas endommager la chrysalide avec l'aiguille. On les suspendra isolément contre un poteau ou tout autre objet en bois , et assez éloignés les uns des autres pour que les papillons des deux sexes ne puissent se communiquer.

Si la quantité de graines à obtenir était plus importante, il suffirait de placer les cocons en couches de 4 à 5 centimètres d'épaisseur au plus, sur une claie, pour chaque sexe isolément.

L'appartement devra être propre, aéré, peu éclairé, et maintenu à une température de 16 à 18 degrés Réaumur.

Si l'atmosphère était trop élevée et trop sèche, on devra l'abaisser au moyen d'arrosements d'eau fraîche et de linges mouillés, au besoin, placés devant les ouvertures, dont il faudrait ouvrir les vitres et entr'ouvrir les contrevents, afin d'établir un faible courant d'air, sans toutefois laisser pénétrer les rayons du soleil.

Il serait facile, le cas échéant, d'enlever la température en ouvrant seulement du côté du Midi.

On fermera le soir, au moment du coucher du soleil, afin de maintenir, pendant la nuit, la température du jour.

Suivant que les cocons auront été placés à une température soutenue et plus ou moins élevée, la sortie des papillons aura lieu de quinze à dix-huit jours après la montée.

Les naissances durent plusieurs jours et s'effectuent ordinairement pendant les trois heures qui suivent le lever du soleil.

Sur les neuf à dix heures du matin, on prendra les femelles une à une par les ailes, et après s'être assuré, par un examen scrupuleux, qu'elles réunissent toutes les conditions requises qui constituent de bons reproducteurs, on les rangera par lignes et espacées à 4 ou 5 centimètres en tous sens, sur une toile tendue sur une claie inclinée de telle sorte que l'angle qu'elle formera avec le sol soit d'environ 45 degrés.

Les principaux caractères auxquels on reconnaît les bons papillons, sont : le corps pas trop allongé, sans tâches ; les ailes et les antennes bien développées, recouvertes, ainsi que tout le corps, de petites écailles semblables à un duvet blanc sale ou café au lait.

La femelle se reconnaît au développement de son abdomen et à son immobilité presque absolue, si ce n'est au moment de l'approche du mâle ou à celui de la ponte, où elle opère quelques légers mouvements.

Le mâle se distingue par la dimension de son corps, proportionnellement beaucoup plus petit ; ses ailes légèrement plus colorées, ses antennes beaucoup plus grandes et plus noires ; il est vif, s'agite et court constamment pour trouver la femelle, et, lorsqu'il est parvenu à s'unir, il frappe de temps à autre convulsivement ses ailes sur la toile où il est placé.

Après avoir rangé, ainsi que nous l'avons dit plus haut, les femelles sur la toile, on prendra les mâles un à un, que l'on placera à côté de chaque femelle, et après s'être préalablement assuré de leur état de perfection ; l'accouplement sera immédiat.

Une surveillance est nécessaire, surtout pendant les premières heures de l'accouplement; si quelques séparations avaient lieu pendant cette première période de la journée, il faudrait de nouveau rapprocher les mâles de la femelle, surtout si la durée de l'accouplement n'avait été au moins de deux heures ; il faudrait même leur substituer un autre sujet, si le rapprochement n'était immédiat.

Il convient, dans tous les cas, de ne pas laisser courir les mâles libres sur la toile, ils occasionneraient de nombreux désaccouplements.

On a pensé jusqu'à ce jour, à tort ou à raison, que la durée de la réunion des sexes devait être limitée. Nous ignorons les motifs qui ont pu servir de base à une pareille prescription, sur laquelle on n'est pas précisément d'accord, puisque les uns portent la durée de l'accouplement à deux heures, tandis que les autres le prolongent successivement jusqu'à douze.

Nous pensons, avec quelques auteurs, que cette pratique est tout au moins inutile, si elle n'est même pas dangereuse. Pourquoi, en effet, imposer des lois à la sage nature et se substituer à ses règles, à sa volonté, dont elle seule possède les impénétrables secrets? Disons donc que, loin de régenter la nature, nous devons la respecter: l'expérience nous ayant d'ailleurs démontré que les graines provenant d'accouplements libres et illimités ne sont ni moins bonnes ni moins abondantes, et nous n'en pratiquons pas d'autres aujourd'hui.

Dans les pontes normales, la femelle a déposé plus des trois quarts de ses œufs dans les premières vingt-quatre heures ; elle a déposé le restant dans les vingt-quatre heures qui suivent cette première période. Les œufs derniers pondus ne sont pas moins bons que les premiers.

Si on a des sexes en excédant l'un sur l'autre, on pourra les conserver en les plaçant sur une toile et dans un lieu obscur, si ce sont des mâles, afin de calmer leur ardeur.

De jaune jonquille, les œufs passeront en peu de jours par les teintes bistre clair, rose, vinassée, pour arriver au gris-verdâtre s'il s'agit de races à cocons jaunes, et de gris-bleuâtre pour les races à cocons blancs.

Douze à quinze jours après la ponte, on pliera les linges en plusieurs doubles, les œufs en dedans, afin que la poussière ne puisse leur nuire, et on les conservera ainsi dans un lieu frais, aéré et à l'abri des rats ou des souris, jusqu'au printemps suivant, en ayant soin de les visiter de temps à autre pour s'assurer de leur état de bonne conservation. Le plus sûr moyen est de les placer dans une corbeille ou panier, suspendu au plafond de la pièce.

Celui qui confectionne sa graine peut donc, aux signes que nous venons d'indiquer, et que nous croyons devoir résumer de la manière suivante, être fixé sur sa qualité.

Voici les caractères distinctifs qui constituent une bonne semence : papillons sains, bien conformés, aux ailes bien développées et le corps sans taches, vigoureux et ardents à l'accouplement ; rapprochement des sexes prompt et facile, et longue durée non interrompue ; ponte courte et abondante ; vie prolongée du papillon jusqu'à dix ou douze jours après le désaccouplement ; son desséchement complet après sa mort, sans putréfaction.

Si à ces excellentes conditions viennent se joindre encore les suivantes, non moins certaines, on peut avoir toute confiance dans la qualité des œufs recueillis :

Œufs peu déprimés, c'est-à-dire, fossette peu marquée ou peu profonde ; couleur régulière ou normale de gris-verdâtre ou bleuâtre, suivant la race jaune ou blanche ; absence complète d'œufs rouges, leur présence étant un signe certain de maladie, et dont l'intensité se reconnaît au nombre plus ou moins considérable de ces œufs ; enfin, pesanteur des œufs.

Une longue expérience nous a démontré que plus le produit de la ponte est abondant, et moins il y a d'œufs contenus dans un gramme ; c'est-à-dire, plus les œufs sont pesants, et plus ils offrent de garantie de succès.

Une femelle peut produire jusqu'à 700 œufs, et l'on peut obtenir plus de 100 gr. de graines d'un kilogramme de cocons composé par égale partie de mâles et de femelles. Le nombre d'œufs contenu dans 1 gramme peut varier de 1200 à 1500, suivant la grosseur de la race.

Soufrage préventif du mûrier.

Bien que je n'aie nullement l'intention de m'arrêter ici sur la maladie des insectes et des causes et effets qui s'y rattachent, question que je me propose de développer très-prochainement dans un traité spécial [1], je ne puis cependant m'empêcher de signaler, en terminant, les immenses avantages que j'ai rencontrés dans le soufrage préventif du mûrier.

Il m'a été démontré, en effet, par des expériences comparatives, que ce soufrage, pratiqué au début de la végétation, fort peu coûteux du reste, et auquel, il est vrai de le dire, le *Morus Japonica* se prête admirablement, débarrasse les végétaux d'une foule d'insectes nuisibles, favorise singulièrement la végétation et permet à l'arbre de résister aux atteintes de la maladie, au profit de la santé de l'insecte qui produit la soie. Nous ne saurions donc trop engager les propriétaires à tenter des expériences sur ce point.

---

[1] *La pébrine vaincue par le* Morus Japonica *et le soufrage préventif du mûrier.*

CONCLUSIONS

Nous dirons, en nous résumant :

1° Qu'au point de vue industriel, les éducations d'automne, accomplies dans les conditions indiquées, ne sont ni moins bonnes ni moins avantageuses que celles du printemps ;

2° Qu'elles peuvent permettre de doubler la production annuelle de la soie et donner, à la seconde feuille tombante des mûriers ordinaires, une valeur égale à celle du printemps ;

3° Que la soie provenant de ces éducations n'est nullement inférieure à celle résultant des produits du printemps, ainsi que l'a d'ailleurs constaté la commission des soies de Lyon, que recommandent ses hautes lumières ;

4° Qu'au point de vue de la reproduction, ces mêmes éducations offrent le moyen de régénérer les races et de nous affranchir d'un impôt onéreux , en même temps que des fraudes qui se commettent avec une impunité ruineuse pour l'agriculture ;

5° Que la graine de vers à soie ne souffre nullement des procédés indiqués pour en retarder l'éclosion ;

6° Que le mûrier n'éprouve aucun préjudice d'un second effeuillement en automne, opéré dans les conditions signalées ;

7º Enfin, que les avantages qui doivent résulter au point de vue économique et hygiénique pour la chenille, de la substitution progressive du mûrier sauvage à larges feuilles aux espèces greffées, ne sauraient être contestés.

Telles sont les conclusions qui ressortent de tout ce qui précède, et sur lesquelles nous appelons la sérieuse attention de la pratique.

TABLE DES MATIÈRES.

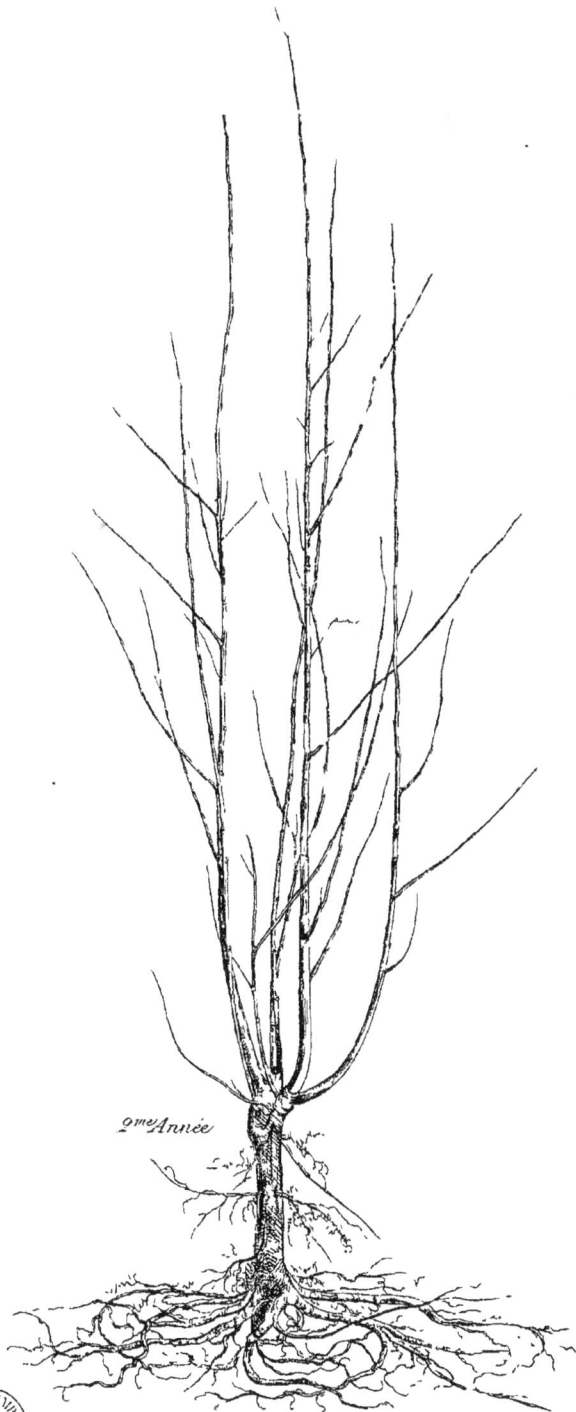

11re Année

2me Année

LE NANGASAKI (Morus Japonica)

Lith de Boehm, Montpellier.

LE NANGASAKI

(MORUS JAPONICA)

> L'homme ne sait pas assez ce que la
> nature peut, ni ce qu'il peut sur elle.
>
> **BUFFON.**

Plus d'un siècle a déjà passé sur les travaux du savant et immortel naturaliste ; et bien que depuis lors l'application des sciences au bien-être des peuples, les recherches des courageux et intrépides navigateurs aient réalisé de nombreuses conquêtes sur la nature, il reste encore d'intéressantes découvertes à faire, de procédés utiles à inventer.

En effet, et ainsi que le signalait récemment l'un des dignes successeurs de Buffon, sur 140,000 espèces animales jetées sur le globe par le Créateur, 43,000 seulement sont au pouvoir de l'homme ; on peut donc le dire hardiment, avec l'honorable président de la Société Impériale zoologique d'acclimatation : il ne reste pas seulement à glaner sur les pas des générations antérieures ; de riches moissons sont encore debout.

Si beaucoup de découvertes des temps modernes ne sont que la reproduction d'inventions ou de procédés connus des anciens, que des circonstances purement accidentelles ont restituées à la science humaine, d'autres peuvent être considérées aussi comme le résultat des recherches d'hommes intelligents, ou bien le produit de judicieuses observations, d'habiles expérimentations et de laborieux travaux en dehors de toute idée antérieure. Certaines autres, enfin, ont été la récompense de persévérantes études pour retrouver des procédés perdus, dont les produits, échappés aux ravages des temps, attestaient l'existence à des époques reculées.

Il est incontestable que des procédés perdus, retrouvés de nouveau et encore oubliés, n'ont pu être découverts malgré les laborieuses recherches d'hommes de savoir ou de praticiens recommandables ; de nombreux exemples nous seraient faciles à fournir.

Les connaissances incomplètes que nous possédons de la Chine, du Japon, de l'Inde, de la Perse et de diverses autres régions de la terre, ne nous permettent pas de décider si des produits naturels dont nous serions privés, ou si de précieuses recettes, héritage des siècles antérieurs, se rattachant à d'utiles industries, n'en auraient pas favorisé les progrès plus que dans nos contrées occidentales ; mais ce dont il n'est pas permis de douter, c'est que parmi ces industries étrangères, il en existe certaines dignes de fixer notre attention et de provoquer notre émulation.

Les porcelaines du Japon n'ont-elles pas été longtemps considérées comme sans rivales ; les merveilleux tissus de l'Inde, les brillants et moelleux tapis de la Perse, etc., — n'ont-ils pas, pendant longtemps encore, captivé l'admiration générale et défié toute imitation ?

Emprunter un procédé, un végétal à l'Orient, si ce procédé ou cette plante peut accroître nos richesses industrielles ou agricoles, n'est-ce pas, ainsi que l'a proclamé l'un des plus grands écrivains du siècle dernier, faire une œuvre utile à son pays ?

Ce n'est donc pas seulemeut dans les lumières de la science moderne que nous devons chercher les moyens de faire progresser l'industrie de la soie ; les contrées lointaines peuvent encore nous fournir d'utiles enseignements. Grâce aux traductions de savants synologues, nous pouvons sonder aujourd'hui les pratiques salutaires, sanctionnées par près de quarante-cinq siècles d'expérience de ces peuples mystérieux.

Bien que de temps immémorial l'industrie de la soie constitue l'une des productions les plus importantes de la Chine, mise en honneur dans ce vaste Empire, elle n'a franchi la grande muraille, pour arriver au Japon, que dans le troisième siècle de notre ère ; importée trois siècles plus tard à Constantinople, elle n'est parvenue jusqu'à nous qu'environ huit cents ans après cette dernière date.

En Chine, en Perse, au Bengale, au Japon, etc., on fait jusqu'à douze éducations successives dans une même année ; ne pourrions-nous, ainsi que cela se pratique d'ailleurs dans le royaume de Naples, en faire au moins deux dans cette même période ; le climat du midi de la France diffère-t-il si essentiellemeut de celui des contrées originaires du ver à soie, pour que nous ne puissions utiliser avec succès la feuille tombante des mûriers en automne, et doubler ainsi nos récoltes sans nuire à l'avenir de ce précieux végétal ?

De nombreuses tentatives, remontant à près d'un siècle, successivement renouvelées depuis lors, étant restées sans succès jusqu'à nos jours, ne devons-nous pas conclure que ces échecs ne peuvent être attribués qu'aux imperfections des moyens pratiqués ou à l'ignorance des indispensables méthodes connues des peuples d'Orient ? C'est du moins ce que pourrait me permettre d'affirmer aujourd'hui d'heureux résultats, prix de mes incessantes et laborieuses expériences. Je ne présenterai donc pas mon procédé comme le fruit d'une nouvelle découverte, cuirassée d'un brevet d'invention ; mon travail n'ayant tout au plus que le faible mérite d'être parvenu, au moyen de persévérants efforts, à vulgariser en France une pratique connue depuis des siècles des peuples d'Orient : heureux si je puis faire une œuvre utile en livrant aux éducateurs un moyen de plus pour augmenter leurs revenus.

En Chine, au Japon, comme en Europe, les procédés d'éducation du précieux insecte sont les mêmes : des soins continuels, de la patience, de la propreté, pureté de l'air au moyen d'une ventilation constante, température régulière et soutenue, espacement convenable des vers sur les claies, parfaite égalité et simultanéité rigoureuse dans toutes les phases de leur existence, homogénéité des races, fréquence des repas, choix de la feuille alimentaire, etc. : tels sont en substance les principes qui résument les Traités chinois ou japonnais.

Les populations orientales, dont la patience est proverbiale, poussent, on pourrait le dire, jusqu'à l'excès, les soins à donner à l'éducation de ces frêles insectes ; elles leur servent, dès leur naissance, jusqu'à quarante-huit repas en vingt-quatre heures, en diminuant successivement leur nombre à mesure qu'ils avancent en âge ; elles les éloignent avec précaution de tout bruit, des émanations des bestiaux, de toute mauvaise odeur, de la fumée, de la poussière ; elles leur choisissent ce qu'elles appellent *une mère* dont les douces mœurs et la tendre sollicitude pour ses intéressants nourrissons la porte, avant que de prendre possession de la chambrée, à se laver et à se couvrir de vêtements propres et légers, afin de ne pas y introduire des émanations antipathiques et de se rendre plus sensible aux moindres variations de température qui pourraient survenir dans l'atelier, et par conséquent plus aptes à y remédier ; les odeurs ou les phénomènes atmosphériques étant considérés comme très-préjudiciables à ces frêles créatures.

Ces pratiques, si minutieuses qu'elles puissent paraître au premier abord, témoignent de la nécessité, sanctionnée par quarante siècles d'expérience, de soins continuels et assidus dont les vers doivent être entourés.

En effet, de même qu'il faut à l'enfant qui vient de naître, des soins et une nourriture en rapport avec ses faibles organes ; de même aussi il faut procurer aux jeunes vers un aliment assimilé à leurs tendres organes ; je l'ai dit autre part : le ver doit naître avec le bouton et pour ainsi dire sous le même soleil. Ce n'est donc que par une sage et intelligente application de ces principes, appropriés à notre climat, que l'on pourra parvenir à d'heureux et lucratifs résultats.

Mais si ces conditions sont indispensables au succès des éducations printanières, elles ne sont pas moins d'une application rigoureuse à celles d'automne. Pour vaincre en outre les obstacles qui naissent de l'état anormal de la vie de l'insecte dans cette saison, trois difficultés principales sont à combattre :

1° L'éclosion de la graine en temps opportun.

2° Une nourriture égale et assimilée à l'âge du ver, afin de lui faire parcourir avec simultanéité toutes les phases de sa courte existence.

3° Enfin, le préjudice que l'on peut occasionner aux mûriers par un second effeuillement intempestif.

Ces difficultés, je les ai vaincues, je crois pouvoir le dire, et les résultats que j'ai obtenus, sanctionnés par des expériences successives, ne laissent plus de doutes sur l'efficacité de mes procédés, les produits obtenus étant, sinon supérieurs, tout au moins aussi parfaits que ceux provenant des éducations de printemps, ainsi que l'a constaté la Commission des soies de Lyon, que recommandent ses hautes lumières et son dévouement constant aux progrès d'une industrie qui fait la richesse et la réputation justement méritée de cette cité industrielle.

Le NANGASAKI, importé du Japon en 1849, est parfaitement acclimaté ; il résiste à toutes les intempéries et prospère dans toutes les natures de terres; sa culture ne demande d'autres soins que celle des mûriers ordinaires. La facilité vraiment prodigieuse avec laquelle il se reproduit, peut, en très-peu de temps èt pour ainsi dire sans frais, pourvoir à la création de plantations immenses. Espacé à deux mètres en tous sens, un hectare peut recevoir 2,500 sujets.

Sans attendre six ou huit années les produits d'une première récolte, comme ceux du mûrier indigène, la feuille du Nangasaki peut, à sa troisième année, remplacer avec avantage celle du premier arbre, joignant enfin aux qualités du mûrier greffé, les immenses avantages du sauvageon; ses feuilles, bien que grandes, minces et souples, ne sont pas plus accessibles que celles des espèces les plus robustes, aux accidents atmosphériques; les vers la mangent avec avidité.

S'élevant, dès sa première année, à plusieurs mètres de hauteur, cet arbuste fournit un bois abondant et d'un grand produit. Cultivé en touffe, sa taille annuelle, n'exigeant par conséquent aucune étude spéciale, peut être pratiquée par les personnes les moins expérimentées; sa cueillette est facile, économique et sans dangers pour les ramasseuses, la flexibilité de ses longs rameaux permettant d'atteindre la feuille du sol même.

La feuille du Nangasaki présente non-seulement une précieuse ressource pour les éducations du printemps; mais cet arbuste arrive encore par sa végétation constante et le renouvellement incessant de ses feuilles, comme un puissant et indispensable auxiliaire au succès des éducations multiples ou automnales. Dès la première année de la culture, il fournit un excellent et abondant feuillage, propre à alimenter les vers jusqu'à leur quatrième mue, la seconde feuille du mûrier ordinaire ne leur étant servie qu'au cinquième âge et au moment où la sève de l'arbre, complètement arrêtée, cette feuille se détache d'elle-même du sujet.

Cent sujets de première année du Nangasaki pouvant suffire, dès la même année, à la reproduction de près de mille sujets, on se trouvera donc en possession immédiate d'une plantation propre à alimenter, à l'automne qui succède au printemps de la plantation, les vers résultant de plusieurs onces d'œufs.

Tels sont les avantages que présentent le Nangasaki, constatés par l'expérience des années, et que je n'ai pas cru devoir signaler plus tôt, par la défiance bien naturelle que devait m'inspirer une plante inconnue et dont le mérite était problématique.

On trouvera dans mon Traité les procédés de culture et de multiplication de ce végétal, dont le produit de l'un et de l'autre est destiné à la création d'un établissement d'enseignement gratuit théorique et pratique de sériciculture.

Cette institution, dont l'utilité ne saurait être contestée, étant une œuvre éminemment patriotique, les noms des souscripteurs qui auront concouru à sa fondation, seront inscrits en tête de l'ouvrage.

Émile Nourrigat,
Membre de plusieurs Sociétés agricoles.

Lunel, le 15 avril 1857.

Montpellier, Imp. Boehm. — 1857.

1855

EXPOSITION UNIVERSELLE

————

MÉDAILLE

DE PREMIÈRE CLASSE

POUR

Supériorité de Produits, propagation des meilleures races de Vers à Soie

ET DES MÉTHODES LES PLUS RATIONNELLES D'ÉDUCATION.

SEPT MÉDAILLES D'HONNEUR.

(1851, 1852, 1853, 1855 et 1857.)

L'ART

DE

TRIPLER LA PRODUCTION DE LA SOIE

ET CELLE DU MURIER

OU

Manuel de l'Éducateur et du Cultivateur du Mûrier,

Par ÉMILE NOURRIGAT,

Propriétaire-Éducateur à Lunel (HÉRAULT),

Propriétaire-Directeur de l'Établissement séricicole de l'Hérault pour l'amélioration des races de vers à soie ; — Auteur du Tableau synoptique de sériciculture ; — Membre de la Société séricicole de France, — de l'Académie Nationale Agricole Manufacturière et Commerciale, — de la Société Impériale zoologique d'acclimatation d'Encouragement pour l'Industrie nationale ; — Membre correspondant des Sociétés d'Agriculture et Comices agricoles de l'Hérault, de Vaucluse et d'Alais ; — Ancien adjoint à la Mairie ; — Ancien Président-Fondateur de la Caisse d'Épargne cantonale ; — Ancien suppléant à la Justice-de-paix de Lunel.

Propriétaire des crus renommés des vins

MUSCAT et TOKAI du coteau de FONTCENDREUSE, ex-domaine de J.-B. DURAND, ancien Maître de poste à Lunel.

————

Prix : 25 Francs, rendu franco par la poste.

————

Ouvrage orné de plus de 150 figures indiquant :

1° Les moyens d'améliorer la culture du mûrier, en triplant sa production ;

2° La nature et la culture du végétal auxiliaire au mûrier, et propre à assurer le succès des éducations d'automne, aussi bien que celui des éducations de printemps, végétal dont la culture, aussi facile qu'économique, peut permettre, dès la première année, à tous possesseurs ou fermiers d'un petit coin de terre, de se livrer avec succès à l'éducation des vers à soie ;

3° Les procédés pour confectionner une graine offrant une garantie certaine de réussite pour les éducations de printemps et d'automne, avec une économie de 90 p. °/₀ sur les prix actuels ;

4° Enfin , les conditions indispensables au succès des éducations multiples ou automnales .

Ce Traité, qui a reçu déjà l'adhésion de nombreuses Sociétés agricoles, et dont le produit est destiné à la création d'un établissement d'enseignement gratuit théorique et pratique de sériciculture, auquel M Guérin-Méneville viendra prêter annuellement l'appui de sa haute et profonde science entomologique, paraîtra après un nombre déterminé de souscripteurs.

On souscrit chez l'auteur, à Lunel.   Écrire *franco*.

━━━━━●C୨୨●━━━━━

MONSIEUR ,

L'accueil bienveillant qu'a reçu des éducateurs mon Tableau synoptique, arrivé en peu d'années à sa troisième édition ; le désir exprimé par nombre d'entre eux de voir donner à ce travail des développements que m'interdisaient les bornes dans lesquelles je devais le circonscrire ; les malheurs qui pèsent sur l'industrie de la soie, dont j'ai tenté, avec une énergique persévérance, à atténuer les effets en appelant à mon aide les moyens qu'indiquent la science ; les résultats de ces moyens constatés par d'heureuses expériences, m'ont suggéré l'idée d'un ouvrage où je me propose, en premier lieu, de signaler les causes des revers qui trompent depuis trop longtemps les sériciculteurs, et d'indiquer, en second lieu, les divers procédés dont le succès a démontré l'utilité : procédés qui , présentés dans un ordre méthodique, formeront un système rationnel d'une application aussi simple que peu dispendieuse, et au moyen de laquelle tout éducateur pourra se soustraire à la pernicieuse influence qui le prive du fruit de ses travaux.

Un point capital, je dirai même le plus important de tous, c'est le confectionnement de la graine. Il est facile de comprendre, à cet égard, que la graine préparée et recueillie par l'éducateur lui-même offre des garanties qu'on chercherait en vain dans celle d'origine étrangère, exposée dans ses déplacements, non-seulement à toutes sortes de vicissitudes, mais encore à d'étranges mélanges ou altérations de la part d'avides spéculateurs. Acheter une graine dont on ignore la provenance, c'est donc se préparer dès l'origine un insuccès presque certain et que ne saurait détourner l'emploi subséquent des procédés d'éducation les plus efficaces.

Comment expliquer, en effet, si ce n'est par la bonté ou la défectuosité de la graine , la réussite et les revers simultanés de certaines chambrées placées dans des conditions identiques, et dont les unes prospèrent malgré l'insuffisance des soins, tandis que les autres échouent au contraire en dépit des précautions les plus minutieuses ?

Mais, si le choix d'une graine connue (et nulle ne peut l'être mieux que celle qu'on prépare soi-même) est indispensable au succès, il n'exclut pas pourtant l'emploi d'autres moyens presque aussi essentiels, parmi lesquels viennent se placer, en première ligne, ceux qui tendent, soit à conserver la vigueur native du précieux insecte, soit à éloigner de lui les causes qui peuvent affaiblir ou altérer sa constitution et amener par suite sa dégénérescence. Des vers provenus d'une graine irréprochable peuvent produire à leur tour une graine débile, affaiblie ou maladive : cet accident, qui peut se rattacher à plusieurs causes, est le plus souvent la conséquence d'une alimentation vicieuse ou insuffisante.

Le sériciculteur intelligent doit donc s'attacher encore à fournir au ver une nourriture saine et abondante, appropriée surtout à son âge, et à se ménager, en cas d'insuccès d'une première éducation printanière, des ressources qui le mettent à même d'entreprendre, avec d'heureuses chances, une éducation automnale qui puisse le dédommager d'un premier revers ou lui offrir les bénéfices d'une seconde réussite.

Je ferai connaître dans mon Traité un précieux végétal fournissant, dès la première année de sa plantation, une feuille constamment en rapport avec les facultés digestives du ver, se reproduisant, pour ainsi dire, sous la main qui la cueille, et destinée à suppléer au défaut du mûrier indigène, alors qu'il est victime d'un accident atmosphérique. Ce végétal, qui se développe avec une étonnante rapidité et qui n'exige, selon que je l'ai déjà dit, qu'une culture aussi simple qu'économique, réussit dans tous les terrains et sous tous les climats où prospère le mûrier, où il peut être multiplié à l'infini en quelques années.

Ce simple énoncé suffit pour faire apprécier à MM. les éducateurs et aux propriétaires jaloux d'augmenter leurs produits, ainsi qu'à toutes les industries qui reçoivent la vie de cette importante branche de notre agriculture, l'utilité du Traité que je leur offre.

É. NOURRIGAT.

Montpellier. — BOEHM, Impr. de l'Académie.

OUVRAGES
PUBLIÉS PAR LE MÊME AUTEUR.

Tableau synoptique de Sériciculture, contenant l'exposé des principes généraux indispensables à connaître, et les soins à donner aux vers à soie, pour se livrer avec succès à l'exploitation de cette industrie agricole.

CINQUIÈME ÉDITION.

In-folio, avec 85 figures coloriées. — Prix : 2 fr.

De l'Industrie de la Soie et de son influence sur la civilisation.

In-4°. — Prix : 60 centimes.

Nouvelles considérations sur la nécessité d'augmenter la production de la soie en France, et sur les causes qui ont amené la maladie des insectes, et des moyens de les prévenir ; extrait de divers Mémoires adressés à l'Académie des Sciences.

In-4°, avec trois tableaux synoptiques. — Prix : 4 fr.

De l'influence de la maladie végétale sur le règne animal, plus particulièrement sur le ver à soie, et des moyens pour la combattre ; suivi de l'introduction en Europe des éducations automnales et de la conservation de la graine de vers à soie, etc.

Prix : 1 fr.

POUR PARAÎTRE PROCHAINEMENT

LA PÉBRINE VAINCUE PAR LE MORUS JAPONICA
ET LE SOUFRAGE PRÉVENTIF DU MURIER.

MORUS JAPONICA

Ce nouveau mûrier sauvage à grandes feuilles, importé du Japon et acclimaté en France depuis plusieurs années, a résisté à la maladie végétale.

Il se plante comme la vigne et se taille de même.

N'occupant que très-peu d'espace et ne s'élevant pas à plus de 3 mètres de hauteur, il est facile de l'abriter contre les intempéries printanières.

Sa feuille, de qualité supérieure à toute celle du mûrier greffé, peut être utilisée dès la première année de plantation à demeure.

D'une nature des plus vivaces et des plus robustes, sa végétation presque incessante n'est suspendue que par la gelée.

Devançant de trente à quarante jours, suivant son exposition et la nature du sol qu'il occupe, le travail des autres mûriers, la qualité de ses feuilles doit le faire préférer aux produits de culture forcée, pour les essais précoces des graines de vers à soie.

Permettant aussi de devancer l'époque ordinaire de l'éducation avec économie de 25 à 30 pour cent de feuilles sur toutes les variétés greffées, ce mûrier sauvage offre l'incontestable avantage de soustraire l'insecte aux influences désastreuses de la maladie végétale, et d'arriver avec toute chance de succès à la bruyère.

Produisant, enfin, plusieurs récoltes annuelles, c'est la seule espèce qui peut assurer le succès des éducations multiples ou automnales.

Son incontestable utilité a été constatée par trois médailles, aux concours agricoles de 1857, 1858 et 1860.

www.ingramcontent.com/pod-product-compliance
Lightning Source LLC
Chambersburg PA
CBHW060446210326
41520CB00015B/3858